EXPLICATION
DES RENVOIS
DE L'ESTAMPE ENLUMINÉE
QUI REPRÉSENTE
LA VALLÉE DE CHAMOUNI,
PRÉCÉDÉE
D'UNE COURTE DESCRIPTION
DE CETTE
INTÉRESSANTE CONTRÉE.

EXPLICATION DES RENVOIS DE L'ESTAMPE ENLUMINÉE QUI REPRÉSENTE LA VALLÉE DE CHAMOUNI, LE MONT-BLANC, ET LES MONTAGNES ADJACENTES;

Exécutée d'après le Relief de M. EXCHAQUET.

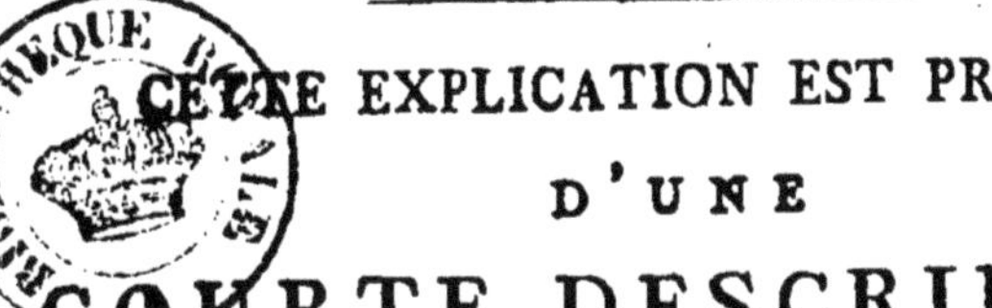

CETTE EXPLICATION EST PRÉCÉDÉE D'UNE

COURTE DESCRIPTION DE CETTE INTÉRESSANTE CONTRÉE.

LE TOUT PUBLIÉ PAR

CHRÉTIEN DE MECHEL,

Graveur et Membre de diverses Académies.

A BASLE,

MDCCXCI.

AVERTISSEMENT.

Ce petit Ouvrage contient une courte Defcription de la vallée de Chamouni et de ce qu'elle offre de curieux à l'obfervateur naturalifte et philofophe. Il préfente un réfumé des principales obfervations que Mr. de Sauffure a développées dans fon Ouvrage, tout comme la Planche qui l'accompagne préfente, fous un même point de vue, l'enfemble de cette Contrée intéreffante. L'un et l'autre doivent contribuer à répandre plus généralement la connoiffance d'un pays que tant de perfonnes voudroient connoître, que tant d'étrangers viennent à la vérité vifiter, mais où tous, à beaucoup près, ne peuvent fe rendre. Or on ne fauroit s'en former une idée nette, fans une Image qui parle aux fens, et une Defcription très-abrégée qui grave cette Image dans l'imagination en indiquant les traits caractériftiques du pays indépendamment de tout ce qui leur eft étranger.

On a rapnorté dans les propres mots de Mr. de Sauſſure ſes principales obſervations, afin de ne pas en altérer le ſens en voulant les extraire: et pour éviter les citations continuelles, on s'eſt contenté de les diſtinguer par deux guillemets („), placés l'un au commencement, l'autre à la fin.

La Planche eſt copiée exactement d'après un des Reliefs de Mr. Exchaquet, mais les Numéros ſont diſpoſés d'une autre manière: on doit ce nouvel arrangement, plus commode, à M. de Sauſſure, qui a bien voulu l'indiquer et donner en même tems les hauteurs exactes des différens endroits que cette Planche repréſente.

COURTE DESCRIPTION DE LA VALLÉE DE CHAMOUNI, DU MONT-BLANC, ET DES MONTAGNES ADJACENTES.

LE Mont-Blanc eſt le point le plus élevé de l'Europe et peut-être de l'ancien monde. Il domine la partie ſeptentrionale de la chaîne des Alpes, comme le Mont-Roſe, preſque auſſi-haut que lui (*a*), domine la partie méridionale de cette même chaîne. Son ſommet

(*a*) Mr. de Sauſſure a trouvé que la plus haute ſommité du Mont-Roſe n'avoit que 20 toiſes de moins que le Mont-Blanc.

eſt couvert de neiges éternelles, d'immenſes glaciers revêtiſſent ſes flancs, ils deſcendent et ſe verſent en replis tortueux juſques dans la vallée de Chamouni, et ſemblent unir ainſi les frimats de l'hiver aux chaleurs de l'été : autour de ce mont altier s'élèvent ces aiguilles coloſſales dont les arrêtes vives et tranchantes ſe découpent dans l'azur des cieux : ſes baſes ſont couvertes de forêts de ſapins et de melèzes, entremêlées de pâturages alpins : à ſes pieds s'étend cette belle vallée de Chamouni, fertile, cultivée et peuplée de nombreux villages ; l'Arve y promène, en bouillonnant, ſes eaux troubles et rapides ; quelquefois cette rivière ſerpente dans les prairies et vient baigner les bords d'une antique forêt, mais le plus ſouvent reſſerrée dans ſon lit, elle ſe précipite avec fracas entre les rochers qui le bordent. Là, le déſert inculte ſe montre à côté de l'endroit cultivé, le point-de-vue pittoreſque à côté du ſauvage, le riant à côté du mélancolique : ici, l'impétueux torrent vient mourir dans la plaine et ſe changer en paiſible ruiſſeau : plus loin, l'aiguille de glace tombe, se brise et réjaillit en tourbillons de poussière. Ces contrastes continuels, ces changemens rapides animent et embellissent ces sublimes tableaux.

Tel est l'aspect général que présente cette contrée à l'œil de l'observateur placé sur un point élevé, d'où il puisse en saisir l'ensemble. Mais, à cette vue il se sentira pressé par le besoin de l'examiner plus en détail; il voudra connoître la structure de ces monts sourcilleux, de ces pics élancés ; il voudra savoir la suite, les rapports, la position respective, la nature de leurs différentes couches ; il cherchera la cause de ces amas de glaces éternelles, il observera leur formation et leurs divers phénomènes. Il se demandera à quelle hauteur ces neiges cessent de fondre ? quelle est la ligne de démarcation entre les frimats et la verdure, entre le printems et l'éternel hiver? Le bruit de l'avalanche de neige en fixant son attention, lui en développera l'origine. Il verra de loin les haldes des mines, et voudra connoître les directions, la qualité et tous les rapports géognostiques de ces différens dépôts métalliques. De la nature morte il paſſera à la nature vivante : ces fleurs, qui tapiſſent les ſtériles rochers, les émaillent de mille couleurs, et viennent épanouir leur corolle ſur les bords des glaciers, au milieu des débris qu'ils pouſſent devant eux, attireront et fixeront ſes regards. Enfin, il voudra connoître les habitans de ces ſauvages lieux, il étudiera leurs mœurs, leur manière de vivre, et ſûrement il regrettera leur commerce, quand il ſera forcé de les quitter, pour rentrer dans le tourbillon des Villes, dans le vide des Sociétés, et d'abandonner les vraies jouïſſances de la nature pour nos plaiſirs factices. Parcourons rapidement ces divers objets en marchant ſur les traces du célèbre Naturaliſte qui les a ſi bien obſervés. Nous réſerverons quelques détails particuliers pour l'explication topographique de la Planche.

Forme générale de la vallée de Chamouni, ſtructure et nature des Montagnes qui la bordent.

La vallée de Chamouni eſt recourbée en forme d'arc dont la convexité eſt déterminée par la chaîne du Mont-Blanc qui la borde au Midi, et la concavité par celle du Bréven et des Aiguilles rouges, qui la termine au Nord. Sa direction moyenne court du Sud-Oueſt au Nord-Eſt. Sa plus grande longueur depuis le Col de Balme à ſon extrémité orientale juſqu'à la montagne de la Forclaz et à la Pointe du Saix, à ſon extrémité occidentale, eſt de ſix lieuës et demie. C'eſt une vallée longitudinale parce qu'elle eſt parallèle à la chaîne centrale des Alpes. Les montagnes de cette chaîne qui bordent au Sud-Eſt la Vallée de Chamouni, ſont compoſées de deux parties diſtinctes, dont l'une eſt un maſſif non interrompu et uniforme, qui s'élève à 7 ou 800 toiſes; et l'autre eſt formée par les aiguilles et les pyramides qui s'élèvent au-deſſus.

„ La maſſe uniforme inférieure eſt compoſée de roches feuilletées de différens genres, mais le plus ſouvent quartzeuſes et micacées, *qu'on peut ranger parmi les Gneiß des Allemands.* Ces roches ſont diſpoſées par couches très-régulières, qui courent, comme la vallée, du Nord-Eſt au Sud-Oueſt, *et préſentent leur tête au Nord-Oueſt;* elles ſont peu inclinées vers le bas de la montagne, mais elles ſe relèvent graduellement contre la vallée, juſqu'au haut, où elles ſont exactement verticales. Ces mêmes couches s'approchent de la nature du Granit à meſure qu'elles s'approchent du haut de la montagne; et là, elles deviennent des Granits veinés ou même des Granits en maſſe, encaiſſés dans des couches, ou de Granit veiné, ou de roche feuilletée (*Gneiß*). (*a*) "

(*a*) Les Minéralogiſtes allemands comprenent ſous le nom général de *Gneiſs*, tout ce que les Minéralogiſtes françois comprenent ſous le nom de *Roches feuilletées*, compoſées de *Quartz*, *Feldſpath* et *Mica*, ſoit que le Feldſpath s'y trouve cryſtalliſé ou en maſſe; mais comme ces ſubſtances y entrent dans une infinité de proportions différentes, ils ont ſoin de décrire les divers Gneiſs dont ils parlent. Ainſi le *Granit veiné* de Mr. de Sauſſure eſt regardé par eux comme un Gneiſs dans lequel preſque tout le Feldſpath eſt cryſtalliſé, et dont les cryſtaux ſont diſpoſés régulièrement avec les grains de Quartz ſur des lignes parallèles qui ſont ſéparées par de minces veines de Mica dont les feuillets embraſſent le Feldſpath et le Mica.

„ Les pyramides qui dominent ce maſſif ſont de Granit en maſſe. Elles ſont flanquées, et même compoſées extérieurement de feuillets pyramidaux, qui ſont ſubdiviſés en couches parallèles aux plans même des feuillets. Ces feuillets ſont preſque verticaux, et s'appuient, non pas contre la vallée comme les couches inférieures du maſſif, mais contre le corps même des pyramides. D'ailleurs, leur direction eſt à très-peu-près la même que celle des couches du maſſif. Quant au cœur, ou à la partie intérieure de ces pyramides, elle paroit en quelques endroits n'avoir point une ſtructure régulière, et n'être diviſée que par des fentes accidentelles."

„ Au reſte, il ne faut point s'imaginer que ces pyramides ſoyent aſſiſes ſur le maſſif qu'elles dominent, comme une colonne ſur ſa baſe: la ſituation des couches démontre que le maſſif eſt appliqué contre les pyramides qui ont leurs baſes à elles, et que ce feroit plutôt le maſſif qui feroit aſſis en partie ſur les fondemens intérieurs des pyramides, puiſque les feuillets de celles-ci deſcendent du côté de ce maſſif et ſemblent plonger au-deſſous de lui. "

Les montagnes au Sud-Oueſt de la Vallée ne préſentent plus la même nature de pierres, ni la même ſtructure. Les couches inférieures ſont d'une roche schiſteuſe composée de Quartz, de Feldſpath et de Hornblende en maſſe ou ſtriée. Au-deſſus de cette roche on trouve des pierres de Corne-verte (Hornblende-Schiefer) plus ou moins quartzeuſe, et dont les couches ſont dirigées du Nord-Nord-Oueſt au Sud-Sud-Eſt. Sur cette Hornblende fiſſile on trouve des ardoiſes dirigées du Nord-Nord-Eſt au Sud-Sud-Oueſt, et toutes ces couches ſont avec l'horiſon un angle de 45° ; leur tête regarde le Midi, et le pied s'enfonce au Nord; ce qui eſt le contraire des couches précédentes.

La chaîne du Bréven, vis-à-vis de celle que nous venons de décrire, eſt terminée à ſon extrémité orientale par la vallée de Valorſine, qui ſe dirige preſque du Nord au Sud; et à ſon extrémité occidentale par la vallée de Servoz qui ſe dirige auſſi de même. La partie orientale, où ſe trouvent les *Aiguilles rouges*, eſt plus élevée que l'autre; elle eſt auſſi beaucoup plus large et coupée par de hautes vallées tranſverſales, où l'on voit pluſieurs petits glaciers.

Cette chaîne repréſente une grande variété dans la nature des roches qui la compoſent. La plûpart des couches ſont dirigées du Nord au Sud en ſe portant quelquefois un peu vers le Sud-Oueſt; elles ſont ou verticales ou s'écartent de la ligne perpendiculaire, en s'inclinant contre l'Oueſt. Les Granits veinés paroiſſent conſtituer le noyau viſible de ces montagnes, ils ſont en couches à-peu-près verticales et dirigées comme l'aiguille aimantée. Ceux d'une partie des *Aiguilles rouges*, dans la face qui regarde le Midi, contiennent du Quartz, du Feldſpath, du Mica et du Fer qui colore la pierre en ſe décompoſant au-dehors. Les veines même intérieures de ce Gneiſs veiné ſont auſſi très-prononcées et exactement parallèles à ſes couches; elles ſont deſſinées ſur le fond blanc de la roche par des feuillets minces de Mica noirâtre; ces feuillets ſont tantôt droits tantôt ondés, mais toujours réguliers et parallèles entr'eux, excepté lors qu'ils rencontrent des nœuds de Quartz qu'ils enveloppent pour reprendre enſuite leur première direction. Le Granit veiné du Bréven contient du Mica noirâtre et beaucoup de Feldſpath et de Quartz ; les couches en ſont auſſi verticales et dirigées comme l'aiguille aimantée. Enfin toutes ces roches ſont coupées un peu obliquement à leurs plans par des fentes dont la plûpart ſont à-peu-près horizontales, et d'autres très-inclinées à l'horizon. On trouve ſur ces Granits veinés, ou plutôt adoſſés contr'eux, des Gneiſs qui contiennent le Quartz, le Feldſpath et le Mica dans toutes les proportions imaginables ; ils ſont tous plus ou moins inclinés à l'horizon. Dans la face Nord de la chaîne de Bréven, et aux environs du lac Cornu et des Aiguilles rouges, on trouve encore beaucoup de ces Gneiſs en couches verticales et qui ont la direction de l'aiguille aimantée. On y voit auſſi des aiguilles entières de *Roche de grenat*, compoſée de Grenat en maſſe, de quartz, de ſchorl en maſſe et de Hornblende (gemeine Hornblende) ; dans d'autres endroits ce ſont des rochers conſidérables de belles Hornblendes de diverſes couleurs, fauve, verd ou noir, et qui ſont coupés par des filons de Feldſpath en maſſe.

Mais si nous portons nos regards sur l'extrémité occidentale de cette chaîne, nous la voyons toute composée de pierre de Corne fissile (Hornblende-Schiefer). Sur les Gneiss, dont nous avons parlé, on trouve cette roche singulière de la montagne de Carlaveiron, qui est composée de Quartz et d'une Hornblende particulière de couleur blanc-grisâtre métallique, et si semblable au Mica, qu'il est souvent très-aisé de les confondre. Viennent ensuite les pierres de Corne fissile, striée, écailleuse et mélangée intimément avec le Quartz dans une infinité de proportions différentes : elles forment des couches distinctes dirigées du Nord au Sud, et faisant un grand angle avec l'horizon ; leur pied s'enfonce à l'Est : elles alternent en plusieurs endroits avec des bancs considérables de Spath pesant (Baryte vitriolée) compact, quelquefois rayonné, comme au Pas et au Fouilly.

Le col de Balme, qui termine au Nord-Est la vallée de Chamouni, ne présente que des ardoises grises et tendres, dont les couches dirigées à 10° du Nord par Est, sont à schistes perpendiculaires et mêlés de Quartz.

Outre les différentes roches et pierres dont nous venons de parler, on trouve dans la vallée de Chamouni quelques autres fossiles qui semblent être les restes de couches plus étendues qui ont existé autrefois. Sur la chaîne du Mont-Blanc, dans les combes que forment les torrens qui descendent des glaciers de la Gria et de Taconay, on voit des bancs considérables de Gyps compact ou grenu, dans lequel on trouve quelquefois des paillettes de Mica. En Planet on voit au-dessus du Gyps des bancs de pierre-à-chaux maigre : on en voit encore un monticule non loin de la source de l'Arveiron à la côte du Puiset : enfin il y en a près du hameau des Prés au pied de la chaîne du Bréven.

Telles sont en abrégé les observations géognostiques qu'offre cette Vallée, et qui suffisent pour en donner une idée, en attendant qu'on nous développe l'origine et la formation de ces différentes substances. (*a*)

(*a*) La vallée de Chamouni contient aussi une grande variété de fossiles qui ne forment pas des roches étendues, mais qui se trouvent çà et là répandus, et dont on peut voir la description dans les voyages de Mr. de Saussure.

Des Mines de la vallée de Chamouni.

Les mines de la vallée de Chamouni ſont de deux eſpèces, en *couches*, et en *filons*. Elles occupent principalement la partie Oueſt et Sud-Oueſt de la vallée. Les plus conſidérables ſe trouvent en Vaudagne et au Fouilly. Les mines en couches ſont juſqu'à préſent les plus riches en minéral : leur direction générale eſt du Nord au Sud, et quoique leur inclinaiſon varie, elles ont toutes le pied enfoncé à l'Eſt, et ſe rélèvent à l'Oueſt. Le dépôt métallique de Vaudagne ſe trouve dans une vraie ardoiſe (*Ardeſia tegularis*). Le minéral eſt un mélange de Pyrites, de Blende-hépatique et de galène; les Pyrites ſont martiales, renfermant quelquefois une très-petite portion de cuivre, et ſont foiblement aurifères : elles ſont généralement répandues et diſſéminées dans toute la puiſſance du dépôt métallique. Les eſſais de cette mine ont donné de 10 à 40 liv. de plomb et une once ſix gros d'argent par quintal.

La ſeconde couche minérale ſe voit au Fouilly ſur la rive gauche et au bord de l'Arve.

Elle ſe trouve dans une Pierre-de-corne (Hornblend-Schiefer) plus ou moins dure, et d'un verd griſâtre, qui conſtitue la nature de la montagne et qui alterne quelquefois, ſur-tout près du minéral, avec du *Schiſte alumineux luiſant*, nommé auſſi *Schiſte charbonneux*. Le minérai de cette mine eſt principalement de la Galène, mélangée ordinairement, ou avec de la Blende, ou avec de la mine de Cuivre griſe et de la mine de Cuivre jaune; une autre portion de ce dépôt fournit une pyrite de Cuivre ſolide d'un tiſſu ſerré, d'un jaune verdâtre, ayant une caſſure raboteuſe à fines rugoſités. Il y a de ces galènes qui donnent 60 liv. de plomb; mais on ne peut compter que ſur 30 et 36 liv. dans les ſchlichs: la mine de cuivre jaune donne de 8 à 18 livres.

Les mines en filons ſe trouvent ſur la rive droite de l'Arve, vis-à-vis de celles en couche et dans la chaîne même du Bréven; leur direction eſt environ de l'Eſt à l'Oueſt, leur gangue eſt le Spath peſant, et leur gîte la Pierre-de-corne (Hornblend-Schiefer.) Le minéral eſt une belle galène tenant 40 liv. de plomb et 2 gros d'argent.

Il eſt à remarquer qu'aucune de ces mines ne ſe trouve dans le Gneiſs ni dans le Granit. Celles qui habitent ces roches ſont dans d'autres montagnes voiſines.

On peut voir dans les divers établiſſemens faits pour l'exploitation de ces mines, une laverie à la Hongroiſe, et un fourneau de réverbère imaginé par Mr. Exchaquet, qui réunit pluſieurs avantages à une grande économie de bois.

Des Glaciers.

Quelle eſt l'origine de ces immenſes amas de glaces, qui comblent des vallons élevés et profonds, et deſcendent enſuite juſques dans les vallées les plus baſſes? D'où vient qu'ils ſe conſervent toujours dans des lieux où les neiges et les glaces annuelles diſparoiſſent chaque printems et même plus-bas que les champs où croît et mûrit le bled? D'où vient que dans une région plus froide, mais ſur le penchant des rochers, je vois des glaciers moins considérables et d'une glace moins compacte? Enfin, pourquoi sur les sommets les plus élevés et plus glacials encore ne vois-je que des neiges éternelles, et point de glaciers? Quelles sont les causes de ces grands et intéressans phénomènes, le mouvement des glaciers, leurs crévasses, leurs aiguilles, leurs moraines et de tout ce qu'ils présentent à nos regards surpris? — Elles sont simples comme toutes les opérations de la nature. L'observation et la Physique vont nous les découvrir.

La chaîne des Alpes d'où s'élève le Mont-Blanc, présente deux classes de glaciers. Les uns, comme ceux des *Bois*, d'*Argentière*, du *Tour* etc. remplissent les hautes vallées qui séparent les pics des montagnes; ils ont une étendue de plusieurs lieuës, ils coupent transversalement la chaîne, et viennent par une chûte plus ou moins inclinée porter leurs débris dans la vallée de Chamouni. Les autres glaciers sont suspendus sur les pentes les moins rapides des rochers, comme ceux du *Taconay*, de la *Gria*, des *Pélérins*, et ils sont toujours moins considérables que les premiers.

Les grandes vallées de glace ont communément leur fond plus ou moins incliné : par-tout où la pente de ce fond eſt d'une inclinaiſon plus forte que 30° ou 40°, les glaces entraînées par leur poids, inégalement ſoutenues par le fond raboteux qui les porte, ſe diviſent en grandes tranches tranſverſales ſéparées par de profondes crevaſſes. On conçoit que des glaçons ainſi diviſés, quelquefois même ſoulevés par la preſſion de ceux qui les ſuivent, doivent préſenter ces grands et ces beaux accidens, toutes ces formes bizarres, ces pyramides, ces tours, ces grandes crêtes percées, etc. qu'on admire dans la chûte des glaciers.

Mais par-tout où le fond eſt horizontal, ou du moins incliné en pente douce, la ſurface de la glace eſt auſſi à-peu-près uniforme, les crevaſſes y ſont rares et ordinairement aſſez étroites.

Cette glace n'eſt pas liſſe et gliſſante comme celle qui provient de la congélation de l'eau pure des lacs et des étangs ; elle eſt grenue et raboteuſe, ſa ſubſtance eſt poreuſe ; on y voit une infinité de petites bulles allongées d'une forme tortueuſe et bizarre ; elle n'a pas la même conſiſtance que la glace commune, et elle ſe laiſſe aſſez facilement briſer ; en un mot, elle a tous les caractères de la glace formée par la congélation d'une neige imbibée d'eau ; et en effet, l'eau ne pouvant chaſſer tout l'air logé entre les particules de la neige, cet air joint à celui qui ſe dégage au moment de la congélation doit reſter en forme de bulles dans la maſſe glacée. Maintenant la formation de ces grands amas de glace eſt très-facile à concevoir. Rapportons-la dans les propres mots du célèbre Auteur, que nous analyſons :

„ Il eſt évident qu'il doit s'accumuler une immenſe quantité de neige dans le fond des hautes vallées des Alpes ; non-ſeulement parce que pendant neuf mois de l'année, toute l'eau qui, dans les régions inférieures, tombe ſous la forme de pluie, ne tombe dans ces hautes vallées que ſous la forme de neige ; mais encore parce que les pentes rapides des montagnes qui les entourent, verſent dans leur ſein toutes celles qu'elles reçoivent : car les rochers nuds et escarpés ne pouvant pas retenir les neiges qui s'entassent sur leurs flancs, elles glissent et forment des avalanches considérables."

„ Les neiges accumulées par ces deux causes dans le fond des hautes vallées, condensées par leur chûte et par la pression de leur gravité, demeurent là presque sans aucun changement, jusqu'à ce que la chaleur du soleil et les vents chauds de l'été tempèrent le froid naturel à ces hautes régions et résolvent une partie de ces neiges. Je dis *une partie*, car puisque les avalanches qui tombent dans les vallées assez basses et assez chaudes pour être cultivées, ont quelquefois de la peine à se fondre dans tout le cours de l'été; on juge bien que celles qui tombent dans les hautes vallées, inhabitables et incultes à cause du froid qui y règne, ne peuvent jamais se fondre entièrement. Il reste donc dans ces vallées, même à la fin de l'été, de grands amas de neige que les chaleurs n'ont point pu dissoudre; et ce sont ces mêmes neiges qui, abreuvées des eaux des pluies et des neiges fondues, se gèlent pendant l'hiver, et forment ces glaces poreuſes dont les glaciers ſont compoſés."

„ J'ai vu ſouvent à la fin de l'été, ces amas de neiges condenſées par leur poids et par l'eau qu'elles ont imbibée, couvrir les glaces anciennes, contracter comme elles de larges et profondes crevaſſes, et n'en différer que par un dégré d'opacité et d'incohérence, que les froids de l'hiver ne manquent point de leur enlever."

„ Juſqu'ici nous n'avons parlé que de glaciers du premier genre; ceux du ſecond, c'eſt-à-dire, ceux qui ne ſont pas renfermés dans des vallées, mais étendus ſur le penchant des hautes ſommités, ont à-peu-près la même origine. Souvent leur cauſe première eſt une avalanche de neige, qui s'eſt arrêtée ſur des rocailles et des débris entaſſés au pied d'un roc eſcarpé. D'autrefois la neige même, telle qu'elle eſt tombée du ciel, s'accumule à la longue, lorſque la pente de la montagne n'eſt pas aſſez rapide pour la faire gliſſer ſous la forme d'avalanche."

„ Ces neiges, comme celles qui forment les glaciers du premier genre, ſe fondent en partie durant les chaleurs de l'été; l'eau produite par cette fonte pénètre et imbibe celles qui n'ont pas eu le tems de ſe réſoudre, et les froids de l'hiver les ſurprenant dans cet état, les convertiſſent en glace."

„ Mais dans les glaciers de ce genre, l'eau qui détrempe les neiges, et qui eſt la cauſe de leur converſion en glace, n'étant pas retenue comme dans le fond des vallées, il arrive ſouvent que les neiges ne ſont qu'imparfaitement abreuvées d'eau, et que par cette raiſon la glace qui en réſulte eſt encore plus poreuſe et moins liée que celle des glaciers du premier genre. On en trouve même, dont l'incohérence eſt telle, qu'il eſt permis de douter ſi l'on doit lui donner le nom de glace, ou celui de neige."

„ Ce n'eſt guère que vers le bas de ces glaciers, où la pente de la montagne entraîne une quantité d'eau ſuffiſante pour abreuver complettement les neiges, que l'on trouve des glaces auſſi-denſes que dans les glaciers du premier genre: la ſolidité de la glace décroît par degrés, à meſure que l'on remonte vers le haut; et ſur les ſommités mèmes, lors qu'elles ſont iſolées, on ne trouve jamais que des neiges. "

On voit combien cette théorie eſt ſimple; le mélange de l'eau eſt abſolument néceſſaire à la transformation des neiges en glaciers: s'il y a beaucoup d'eau, la glace ſera plus ſolide, mais à meſure que l'imbibition ſera moins conſidérable, la glace deviendra moins cohérente : enfin s'il n'y en a pas du tout, comme ſur les ſommités où l'eau ne peut ſéjourner, on n'aura que des neiges. Et comme cette imbibition peut être variée par mille circonſtances locales, ces circonſtances bien obſervées nous expliqueront toutes les différentes variations que l'on rencontre dans les glaciers.

Mais ces glaces que nous venons de voir s'accumuler et ſe répandre par-tout dans les hautes montagnes, n'ont cependant pas un accroiſſement continuel, nombre de cauſes les limitent, ainſi qu'on va le voir :

1.° Le ſoleil, les pluies et les vents chauds travaillent pendant l'été à les détruire.

2.° L'évaporation qui a une action d'autant

plus forte fur la glace et fur la neige que l'air eſt plus rare et plus fec, diffipe, même par les plus grands froids, une quantité confidérable de ces matières aqueufes.

3.° Ces caufes n'attaquent les glaciers que par leur furface extérieure, mais un réfolvant bien plus actif c'eſt la chaleur intérieure de notre globe, qui agit fans ceffe fur la furface inférieure des glaciers, où elle eſt confervée et retenue par leur épaiffeur même. Elle les amincit et les affaiffe continuellement, et produit ces torrens qui coulent au-deffous d'eux dans toutes les faifons.

4.° Enfin, la pefanteur des glaces vient encore s'oppofer à leur accroiffement; elle les entraîne fans ceffe, quoique lentement, vers les baffes vallées, où la chaleur des étés les réfout en eau.

En effet les glaciers, comme nous l'avons dit, repofent fouvent fur des plans inclinés, et les grands fur-tout font rongés par des courants d'eau, qui coulent entre la glace et le fond qui les porte: enforte que, toujours preffés par leur poids, et ne trouvant jamais de points d'appui ſolides, ces glaces ſont ſans ceſſe entraînées dans la vallée ; mais comme elles y arrivent en trop grande quantité pour pouvoir ſe fondre aſſez rapidement, elles s'y accumulent et ſont alors continuellement entretenues par l'effet de la même cauſe ; comme on le voit aux glaciers des *Bois* , d'*Argentière* et des *Buiſſons*.

Telles ſont les cauſes deſtructives des glaciers qui produiſent les torrens que l'on voit toujours couler à leur extrémité inférieure, et qui balancent leurs cauſes génératrices.

On nomme *Moraines* les entaſſemens de pierres qui entourent et encadrent, pour ainſi dire, les glaciers, et ſont ſur-tout accumulées à leur partie inférieure ; ces eſpèces de parapets ſont ſouvent très-élevés et étendus ; ils ſont produits par le mouvement du glacier qui entraîne avec lui les débris des montagnes dont il eſt environné et qui le dominent. Cette raiſon eſt ſimple et naturelle , mais on ne ſaiſit pas auſſi-facilement comment ſe forment les grandes moraines qui s'élèvent par longues bandes parallèles dans le milieu et ſur toute la longueur dés vallées de glace. Voici l'explication que Mr. de Sauſſure donne de ce phénomène :

„ On trouve dans les hautes Alpes, comme dans les plaines, des montagnes qui ſont dans un tel état de caducité, qu'il s'en détache continuellement des fragmens ou entiers ou atténués ſous la forme de terre et de ſable; et cela arrive, ſoit parce que ces montagnes ſe diviſent naturellement en fragmens de différentes formes, ſoit parce que les injures de l'air les atténuent et les décompoſent. Au printems ſur-tout, lors du dégel, des pluies chaudes et de la fonte des neiges, les parties de rochers, de ſable et de terre que les gélées avoient ſoulevées et écartées, tombent ſur les glaces contenues dans les hautes vallées. Ces pierres, amoncelées ſur les bords des glaciers, obéiſſent enſuite au mouvement des glaces qui les portent. Or nous avons déja vu que toutes ces glaces ont un mouvement progreſſif, qu'elles gliſſent ſur leurs fonds inclinés, qu'elles deſcendent peu-à-peu juſques dans les baſſes vallées: que là elles ſont fondues par les chaleurs de l'été, et que celles qui fe détruifent ainfi font continuellement remplacées par le mouvement progreffif du glacier. Mais la partie inférieure des vallées de glace n'eft pas la feule où elles fe fondent. Dans les beaux jours de l'été, furtout quand il règne des vents de Midi, ou qu'il tombe des pluies chaudes, elles fe fondent dans toute l'étendue des glaciers; les eaux produites par cette fonte fe raffemblent, forment fur la glace même de larges et profondes ravines; les glaciers fe divifent par de grandes crevaffes, et comme les vallées ont toutes, plus ou moins, la forme d'un berceau, que leurs fonds font plus excavés que leurs bords, les glaces fe preffent et fe refferrent vers le milieu des vallées: celles qui font fur les bords, s'éloignent de ces bords, gliffent vers le point le plus bas, et entraînent avec elles vers le milieu des vallées, les terres et les pierres dont elles font couvertes."

„La preuve de cette vérité, c'eft que vers la fin de l'été on voit en bien des endroits, furtout dans les vallées les plus larges, des vuides confidérables entre le pied de la montagne et le bord du glacier ; et ces vides proviennent, non-ſeulement de la fonte des glaces latérales, mais encore de ce qu'elles ſe ſont écartées des bords, en deſcendant vers le milieu de la vallée. Pendant le cours de l'hiver ſuivant, ces vides ſe rempliſſent de neiges, ces neiges s'imbibent d'eau , ſe convertiſſent en glaces, les bords de ces nouvelles glaces les plus voiſins de la montagne, ſe couvrent de nouveaux débris ; ces lignes couvertes s'avancent à leur tour vers le milieu du glacier ; et c'eſt ainſi que ſe forment ces bancs parallèles qui ſe meuvent obliquement d'un mouvement compoſé, réſultant de la pente du ſol vers le milieu de la vallée, et de la pente de cette même vallée vers le bas de la montagne. ''

On ſaiſit maintenant tout le mécaniſme, tout le jeu, ſi l'on peut s'exprimer ainſi, du mouvement des glaciers ; et l'on voit comment la nature ſage a mis un juſte équilibre entre les forces qui les augmentent et celles qui les détruiſent ; on voit que l'accroiſſement des premières amène auſſi plus d'efficacité dans les ſecondes : ainſi, par exemple, lorſque l'augmentation des glaces devient plus confidérable, leur poids les entraîne auffi plus rapidement vers la plaine ; et la chaleur fouterraine, mieux confervée par leur plus grande épaiffeur, acquiert auffi une action plus puiffante.

Mais malgré ce balancement des forces, il n'en réfulte pas que les glaciers confervent toujours chaque année à-peu-près les mêmes dimenfions. On a même prétendu qu'ils augmentoient et diminuoient pendant des périodes déterminés ; mais les obfervations n'ont donné aucun fondement folide à ce préjugé ; on voit feulement que les glaciers augmentent ou diminuent en raifon des caufes locales et partielles qui agiffent fur eux ; il peut même s'en former de nouveaux dans des lieux où des avalanches de neiges fe font établies, et n'ont pu fe fondre pendant l'été.

Des Avalanches de neiges et des Torrens.

Dès que l'haleine chaude du printems fe fait fentir dans les Alpes, dès que le foleil en s'éloignant de l'équateur, acquiert plus de force et de vivacité, les neiges accumulées ſur les pentes rapides des montagnes commencent à ſe fondre et à produire le phénomène redoutable des *Avalanches.* Si l'on parcourt alors les vallées des Alpes, on entend de tous côtés le bruit de leurs chûtes; on les voit ſe former, rouler et ſe diſſiper en pouſſière ſur les flancs des montagnes, ou deſcendre avec fracas juſques dans le fond des vallées, en ravageant tout ce qu'elles rencontrent.

Comme les neiges ne peuvent pas s'établir et s'entaſſer ſur les pics des rochers, ni ſur leurs flancs perpendiculaires, et qu'elles s'arrêtent ſeulement en petite quantité dans leurs anfractuoſités, les premiers rayons du ſoleil les détachent de ces flancs et elles tombent en petites pelotes, qui acquièrent une vîteſſe plus ou moins grande, en raiſon de la hauteur de leur chûte : lorſqu'elles arrivent ſur des neiges ramollies et en pentes rapides, elles commencent à rouler ſur ces pentes, et à chaque tour elles ſe chargent d'une couche de neige, d'abord très-mince, mais qui, à meſure que la pelote groſſit, devient toujours plus épaiſſe, enforte que cette pelote s'accroît très-rapidement, acquiert bientôt une maffe confidérable, et devient même d'une grandeur prodigieufe, pour peu qu'elle ait un long chemin à parcourrir. Plus elle eft grande, plus fa vîteffe augmente : on la voit alors faire des bonds prodigieux, fouvent perdre une partie de fa maffe par les chocs qu'elle reçoit, mais la remplacer auffi-tôt en fe chargeant toujours de nouvelles couches de neige : elle fait entendre un bruit éclatant et prolongé, femblable au roulement du tonnerre ; l'air qu'elle chaffe devant elle, renverfe tout ce qui fe trouve fur fon paffage, des portions entières de forêts, des chalets, des hameaux même ; elle écrafe tout ce qu'elle touche ; par-tout elle laiffe les traces de fes ravages, et elle parvient enfin dans la vallée qu'elle couvre de fes débris.

Telle eft la caufe, l'origine et les effets de ces grandes avalanches qui font très-dangereufes pour les habitans des montagnes, et leur font beaucoup de dégâts : cependant, toutes ne defcendent pas auffi-bas ; un grand nombre s'arrêtent dans les vallées fupérieures.

On pourroit les nommer *Avalanches roulantes*, pour les diſtinguer d'une autre eſpèce que nous appellerons *Avalanches gliſſantes*, et qui font moins de mal parce qu'elles font ordinairement moins de chemin, mais qui préſentent une partie des mêmes phénomènes.

Ces Avalanches gliſſantes ſont produites par des couches de neige plus ou moins épaiſſes et étendues, qui recouvrent des rochers nuds et en pente, ſur leſquels elles ne ſont retenues que par l'effet de la gelée. Dès que leur fonte commence, par l'action réunie du ſoleil et de la chaleur intérieure du globe, l'eau coule entre les rochers et la ſurface inférieure de la neige, qui, perdant ſon point d'appui, ſe met à gliſſer; et comme l'eau dont elle eſt imbibée, la rend plus ou moins compacte, elle ſe détache en une ſeule maſſe, qui ſe diviſe bientôt par les obſtacles qu'elle rencontre, et finit ordinairement par ſe réduire en pouſſière, et s'amonceler au pied du rocher d'où elle tombe. Ces Avalanches gliſſantes ſont auſſi produites très-ſouvent par une trop grande accumulation des neiges ſur les pentes rapides des rochers ; leur propre poids les détache alors et les fait tomber.

Les Avalanches ſuivent ordinairement les grands couloirs qui ſillonnent les pentes des montagnes ; elles les rempliſſent des débris qu'elles entraînent, et elles en accumulent ſur-tout une grande quantité à leur pied. Auſſi l'habitant des Alpes reconnoît de loin une contrée ſujette aux avalanches, à la forme des rochers, à ces débris entaſſés, enfin à l'aſpect triſte qu'elle prend par la deſtruction continuelle de la végétation. Il ſait très-bien placer ſa demeure à l'abri de cet ennemi dangereux, ſoit en ſe couvrant de quelques rochers, ſoit en meſurant avec préciſion la diſtance où l'avalanche peut parvenir, et la direction qu'elle doit prendre.

Quoique ce phénomène n'a principalement lieu qu'au printems, ſur-tout dans les montagnes baſſes, on conçoit qu'il doit ſe répéter très-ſouvent dans les montagnes couvertes de neiges éternelles. Auſſi n'y a-t-il pas de jour qu'on n'entende le bruit des avalanches ſur le Mont-Blanc et ſur les aiguilles, ſoit par l'effet des neiges nouvelles, ſoit par l'action continuée du ſoleil ſur les anciennes.

Les Avalanches ſemblent être un des moyens dont la nature ſe ſert pour débarraſſer les croupes des montagnes des neiges qui s'y accumulent, et qui, ne pouvant ſe diſſiper aſſez-vîte par la ſimple action du ſoleil, empêcheroient les plantes de ſe développer et de prendre tout leur accroiſſement pendant la courte durée de la bonne ſaiſon.

À Chamouni, la ſeconde grande avalanche qui deſcend vers le milieu de Mai dans la gorge du Nant de Fouilly, vis-à-vis du Prieuré, eſt une annonce certaine que le printems eſt établi, et qu'on n'a plus à craindre des retours de froid. C'eſt ainſi que chez les peuples encore ſimples les phénomènes de la nature leur ſervent à marquer des époques importantes.

Un autre phénomène non moins remarquaquable dans les Alpes, eſt celui que préſente les torrens, appellés *Nants* dans le Faucigni.

Ces Nants, qui ſillonnent par-tout les pentes des montagnes, coulent ordinairement dans des ravines profondes; mais plusieurs, après quelques jours de beau-tems, se réduisent à un simple filet d'eau, souvent même ils tarissent entièrement. A les voir dans cet état, on ne diroit jamais que ce sont eux qui ont creusé ces ravines et charié toutes les pierres et les gros blocs qu'on trouve dans leur lit; mais on est sur-tout étonné quand on sait avec quelle rapidité ces foibles ruisseaux deviennent d'impétueux torrens. S'il pleut sur les montagnes où ils prennent leur source, sur-tout quand elles forment une enceinte, l'eau répandue sur toute cette surface vient se rassembler dans leur lit, et en peu de momens ils grossissent, ils enflent, ils deviennent des fleuves impétueux, qui charrient un épais limon, du sable, des cailloux, de grands blocs de Granit, des arbres entiers; le bruit de ces corps qui s'entrechoquent, se mêle au sourd mugissement de l'eau, et porte au loin l'épouvante chez l'habitant det Alpes. Il craint que les torrens ne surmontent ou ne rompent les barrières qu'ils se sont eux-mêmes formées, et qu'ils ne se répandent sut les terreins qui bordent leur lit.

Cependant, la pluie ceſſe, l'eau diminue peu-à-peu, et dans l'eſpace de quelques heures les torrens ont repris leur premier état ; mais ils laiſſent par-tout des traces de leurs ravages et préſentent trop ſouvent le triſte ſpectacle des terreins cultivés qu'ils ont convertis pour toujours en déſerts incultes.

Cauſe du froid qui règne dans les montagnes.

En obſervant que le froid règne continuellement dans les hautes Alpes, et entretient ſur leurs ſommets des neiges éternelles à ſi peu de diſtancé des lieux où ces neiges diſparoiſſent chaque année, on ſe demande : quelle peut être la cauſe de ce ſingulier phénomène? M. de Sauſſure paroît avoir complettement démontré la vérité de l'opinion de Bouguer, qui penſe que cela vient de ce que les cimes élevées ſont toujours entourées d'un air froid, et que cet air eſt froîd parce qu'il ne peut être fortement réchauffé, ni par les rayons du ſoleil, à cauſe de ſa tranſparence, ni par la ſurface de la terre, à cauſe de la diſtance qui l'en ſépare.

„ En effet, tous les Phyſiciens ſont d'accord à reconnoître que la lumière n'excite de la chaleur dans les corps, qu'autant qu'elle eſt abſorbée par eux; toute celle qu'ils réfléchiſſent ou qn'ils tranſmettent, ne contribue nullement à les réchauffer. L'air lui-même, plus il eſt denſe, plus il eſt chargé de vapeurs, plus il ſe réchauffe. Or il eſt certain que plus on s'élève et plus on trouve l'air dégagé de vapeurs; il a ſur les hautes cimes une tranſparence ſingulière, le ciel y paroît d'un bleu qui tire ſur le noir. " Ainſi, il ne ſe réchauffe point par le paſſage des rayons du ſoleil; et quant à la chaleur que lui communique la ſurface de la terre, elle doit être bien peu de choſe ſur le ſommet des montagnes où le ſoleil ne peut frapper chacune de leurs faces que pendant peu d'heures, et qui ſouvent ne le fait pas. Une plaine horizontale, lorſque le ciel eſt pur, eſt ſujette ſur le haut du jour à l'action perpendiculaire des rayons dont rien ne diminue la force; au lieu qu'un terrein fort incliné, les côtés d'une haute pointe de rochers presque escarpés ne peuvent être frappés qu'obliquement. Et qui peut nier que c'est à la réverbération et à la communication de la chaleur de la surface du terrein qu'est due en grande partie la température des différens lieux ? „ Pourquoi, sous la Zone torride, les petites isles jouissent-elles d'une température toujours supportable, tandis que le milieu de continens, situés sous les mêmes latitudes, est tourmenté par les plus violentes chaleurs, si ce n'est parce que la mer reçoit du soleil et renvoie dans l'air moins de chaleur que la terre? Pourquoi l'air est-il plus doux dans les pays septentrionaux depuis que ces pays sont habités par des peuples agriculteurs, si ce n'est parce que les terres cultivées reçoivent et rendent plus de chaleur que les forêts? Pourquoi dans le midi de l'Europe sent-on une augmentation de chaleur considérable au moment qui suit la moisson, si ce n'est parce que le bled n'est pas susceptible de se réchauffer et de réverbérer dans l'air autant de chaleur que la terre? ''

Limite inférieure des Neiges éternelles.

La hauteur où les neiges cessent de fondre varie dans les Alpes. Lorsque les montagnes sont d'une élévation bien supérieure à la limite inférieure des neiges éternelles, comme le Mont-Blanc, le Buet et les hautes aiguilles ; leur sommet et leurs flancs étant toujours chargés de grands amas de glaces et de neiges, ils refroidissent les couches inférieures de l'air, imbibent d'eau glacée les lieux qui se trouvent au-dessous, et entretiennent ainsi des neiges dans des lieux où elles se fondroient si elles étoient sur de moins hautes montagnes, où elles n'éprouveroient que le froid de l'air, et non des amas de frimats dans un état de congelation actuelle : ainsi, dans les montagnes de la vallée de Chamouni les neiges ne fondent guères au-dessus de 1300 toises sur les montagnes dont la hauteur totale surpasse 15 à 1600 toises.

Mais les cimes isolées ou qui du moins ne sont pas immédiatement jointes avec de très-hautes montagnes, se débarrassent de toutes leurs neiges lorſque leur élevation au-deſſus de la mer ne ſurpaſſe pas 1400 et quelques toiſes ; ainſi le Cramont et les Fours produiſent encore quelques plantes ſur leur ſommité. Mais au-deſſus de 1400 à 1450 toiſes, les neiges ſe conſervent. Dans la chaîne du Bréven on voit des neiges éternelles à la hauteur de 1200 et même 1300 toiſes, quoique le ſommet de cette cime et les Aiguilles rouges ſe découvrent entièrement ; mais elles ne ſe conſervent ainſi que dans la partie ſeptentrionale de cette chaine et dans des lieux couverts d'une ombrē éternelle par les rochers qui les entourent comme dans les environs du lac Cornu.

M. le Général Pfyffer donne à la limite inférieure des neiges éternelles en Suiſſe ſeulement 1302 toiſes, et les obſervations plus modernes de M. le Profeſſeur Tralles confirment cette opinion, en lui donnant 1333 toiſes d'élévation an-deſſus de la mer.

Lorſqu'on aura des obſervations exactes ſur cet objet dans les différens pays, il ſera bien intéreſſant de connoître la courbe que d'écrit cette ligne moyenne ſur la ſurface de notre globe.

Mais je me hâte de fortir mon lecteur des glaces, des neiges et des frimats, pour lui préfenter des tableaux plus agréables.

Moeurs des Habitans de Chamouni.

La vallée de Chamouni, maintenant fi fréquentée, où fe rendent en foule des étrangers de toutes les nations, étoit autrefois fi peu connue que, lorfque le célèbre Pocok et un Anglois nommé Windham firent ce voyage en 1741, ils y vinrent armés jufqu'aux dents; ils portèrent l'appareil de la guerre au milieu d'un peuple de paix : mais bientôt ils virent que ces armes étoient inutiles, que la confiance, la cordialité, une douce hofpitalité règnoient dans ces fauvages lieux. Ils fe confièrent aux Habitans, qui leur montrèrent le Montanvert et la Mer de glace, et ils fe retirèrent frappés de ces grands et fublimes tableaux, et trèsfatisfaits de l'accueil qu'ils avoient reçus.

Chamouni n'étoit alors qu'un miférable village où l'on pouvoit à peine loger. On y trouve maintenant deux très-bonnes auberges, on y jouit des commodités de la vie, le luxe même s'y eſt introduit et à ſa ſuite les maux qui l'accompagnent ordinairement. Les rochers, les glaciers, les ſombres forêts préſentent toujours les mêmes aſpects, les mêmes beautés ſauvages qu'autrefois ; mais l'antique ſimplicité des Chamouniards eſt un peu altérée ; ils ont perdu cette pureté de mœurs, cette fleur de vertu, qui ſe fane au plus léger ſoufle du vice et qui diſparoît pour ne jamais revenir. Mais ils ont conſervé cette fidélité à toute épreuve, cette cordialité, cette hoſpitalité même, qui les caractériſent. On les accuſe d'un peu d'avidité, et l'on n'a pas tort ; mais comment auroient-ils pu réſiſter auſſi-longtems à la ſéduction de tant d'étrangers qui, en leur faiſant connoître de nouveaux beſoins, montroient à leurs yeux éblouis le métal qui pouvoit les leur procurer ? Comment n'auroient-ils pas pris l'amour du gain quand mille appas ſéducteurs le leur inſpiroit. Je me plais cependant à diſtinguer les principaux guides de la foule de ceux qu'on trouve à Chamouni. Ils ne témoignent pas cet extrême empreſſement à conduire les voyageurs, ils ne leur font pas entendre des ſollicitations importunes; ils attendent qu'on s'addreſſe à eux, et ſe font un devoir de ne jamais rien demander au-delà de ce qu'on leur donne.

Le Chamouniard n'eſt point un guide ordinaire, il entend parfaitement ce métier fatiguant et pénible. Armé d'un bâton ferré, et portant ſur ſon dos le ſac des proviſions, appellé la *Sacca* dans le patois du pays, il veille ſans ceſſe ſur le voyageur qu'il conduit; marchant tantôt devant, tantôt derrière, il ne le perd jamais de vue; il l'avertit des mauvais pas qu'il doit paſſer, lui indique la manière de ſe ſervir de ſon bâton, et de marcher ſur les pentes rapides; il le ſoutient, il l'appuye lorſque cela eſt néceſſaire; il s'expoſe dans les précipices pour aſſurer ſa marche. Enfin, ſi, malgré ſes avertiſſemens, le voyageur s'eſt engagé dans un pas dangereux, d'où il ne peut ſortir ſeul, qu'il laiſſe faire cet homme vigoureux, il le prend dans ſes bras et le tranſporte légérement dans un endroit aſſuré, avec une force, une addreſſe et une agilité étonnante. Telles ſont les ſoins et les attentions qui diſtinguent les guides de Chamouni, et que tous les étrangers ſont forcés de leur accorder.

Les Habitans de cette vallée, ainſi que ceux de toutes les hautes Alpes, ne ſont en général ni bien grands ni d'une bien belle figure ; la force bien plus que la beauté les caractériſe ; ils ſont tous robuſtes et vigoureux ; leur eſprit eſt vif et pénétrant, leur caractère gai et même un peu porté à la raillerie. Ils ne parviennent pas à un âge fort avancé ; les fatigues qu'ils éprouvent terminent ſouvent leur vie par des maladies inflammatoires.

Quoique la plupart des hommes faſſent le métier de guides, cependant il en eſt un très-grand nombre qui vont chercher fortune dans l'étranger ; d'autres vont dans la Tarantaiſe et dans la cité d'Aoſt, pour y fabriquer le fromage ; d'autres enfin paſſent l'été dans les montagnes à la chaſſe des chamois et des marmottes, ſans ceſſe expoſés à mille dangers. Mais cette vie haſardeuſe leur plaît, ils y ſont entraînés par un penchant irréſiſtible : la liberté et l'indépendance dont on jouit ſi pleinement dans ces hautes régions, les alternatives de crainte et d'eſpérance, les dangers même que l'on court à cette chaſſe, tout excite et anime le chaſſeur,

Cependant, comme les marmottes et furtout les chamois ont beaucoup diminué, il y a moins de perſonnes qui ſe livrent à la chaſſe de ces animaux. On ne trouve auſſi plus guère de *Criſtalliers*, ſoit qu'on regarde les montagnes de ces contrées comme épuiſées, ſoit que le prix du criſtal ait trop baiſſé.

Les travaux de la campagne retombent preſqu'entièrement ſur les femmes ; même ceux qui, par-tout ailleurs, ſont dévolus uniquement aux hommes, comme de faucher, de couper le bois, et de battre le bled ; ce ſont elles auſſi qui fabriquent le fromage à la montagne, et qui ont ſoin des troupeaux. Mais cette vie pénible, qui ne convient pas à un ſexe délicat, eſt ſans doute la cauſe que les femmes de Chamouni ont les traits gros, et qu'on ne leur voit que très-rarement la fraicheur de la jeuneſſe.

Agriculture.

On conçoit que dans une vallée qui eſt enſévelie ſous la neige la plus grande partie de l'année, qui est exposée aux ravages des avalanches de neiges, de glaces et de pierres, au débordement des torrens, aux vicissitudes d'une température variable et généralement froide; on conçoit, dis-je, que dans cette vallée l'agriculture ne peut être que simple. D'ailleurs, le peu de besoin des habitans, le genre de vie qu'ils mènent, l'usage où ils sont d'habiter dans l'étranger et de confier aux femmes le soin des travaux agricoles, ont retardé jusqu'à présent les progrès de l'industrie; ensorte que l'agriculture y est encore dans son enfance, et qu'ils ne tirent pas tout le parti qu'ils pourroient de leurs terres. On devroit sur-tout profiter des diverses expositions que présentent les pays de montagnes, et qui en variant les climats, doivent aussi faire varier les plantes qu'on y cultive, et la manière de les cultiver.

La chaleur moyenne dans cette vallée est de 4 à 5° plus foible qu'à Genève; mais les variations du chaud et du froid y sont beaucoup plus promptes. Le châtaigner, le chêne et le noyer ne peuvent y venir. Les cerisiers, les pommiers et les pruniers que l'on y trouve ſont tous ſauvages, car les arbres entés n'y réuſſiſſent pas.

On a dans quelques endroits un uſage très-ingénieux, c'eſt celui de terraſſer la neige ſur les champs; c'eſt-à-dire que, quand elle eſt encore très-épaiſſe, on y répand de la terre noire qui hâte ſa fonte de quinze jours ou trois ſemaines. Cette pratique utile devroit être introduite ailleurs. On ſème peu de froment dans la vallée de Chamouni, quoiqu'il mûriſſe fort bien pour l'ordinaire; mais dans certaines années il n'en auroit pas le tems. Si l'on ſemoit en Automne, ce que l'expérience a prouvé praticable, cette culture pourroit devenir plus commune. On y ſème du lin qui vient très-beau, de l'orge, de l'avoine et des fèves. La culture des pommes-de-terre y eſt fort répandue; les habitans font même avec cette plante une eſpèce de mauvais pain.

On met alternativement le terrein en prés et en champs. Pendant ſix ans il eſt enſemencé, et pendant ſix autres il eſt en prés. Pendant les fix ans de grains, on y fème toutes les efpèces que nous avons indiquées. Les femailles fe font en May, les récoltes en Aout, et celle des pommes-de-terre en Octobre.

Mais l'économie la plus lucrative eft celle des montagnes, qui fe fait ici comme par-tout en Alpant : dès le printems, on conduit les beftiaux dans les pâturages des montagnes ; on commence par ceux qui font les plus bas, et on s'élève enfuite à mefure que la chaleur fait pouffer l'herbe ; puis contre l'Automne on redefcend par les mêmes gradations.

Dans les pâturages communs, voici la manière dont on diftribue le fromage aux différens communiers qui envoyent leurs vaches à la montagne : huit jours après que les vaches font montées, tous les propriétaires fe rendent enfemble à la montagne, chacun d'eux trait fes propres vaches, on pèfe le lait que produit chacune d'elles : la même opération fe répéte le 15 ou 16 d'Août, et l'on fait à chaque vache fa part de beurre et de ferac, proportionnellement à la quantité de lait qu'elle a rendu ces deux jours. On fait un grand commerce de fromages dans la vallée de Chamouni.

Le miel eſt auſſi un des objets d'exportation : il eſt excellent, et on attribue ſa grande blancheur aux melèzes ſur leſquelles les abeilles le recueillent.

Nous n'entrerons ici dans aucun détail ſur la Flore de Chamouni, parce que l'on n'a encore ſur cet objet que des obſervations particulières et point de ces vues étendues, de ces rapports généraux qui ſervent à caractériſer une contrée et qui auroient pu alors convenir au but que nous nous ſommes propoſé.

EXPLICATION
DES RENVOIS
DE L'ESTAMPE ENLUMINÉE
QUI REPRÉSENTE
LA VALLÉE DE CHAMOUNI.

AVERTISSEMENT.

Pour donner de la facilité à trouver les Numéros des lieux que l'on cherche, on a marqué par des lettres majuſcules les villages ou endroits remarquables qui ſont ſituées dans la vallée, ſur la grande route ou auprès d'elle, en commençant par la droite où eſt le côté par lequel on entre le plus communément dans cette vallée; et l'on a numéroté de ſuite après chacun de ces endroits tous les lieux qui, dans le deſſin, paroiſſent ſitués perpendiculairement au-deſſus ou au-deſſous de lui, en commençant par le bas.

Les deux colonnes qui accompagnent cette explication des Numéros, indiquent, l'une, l'élévation de chaque lieu au-deſſus de la mer; l'autre, les paragraphes des

Voyages dans les Alpes de M. de Sauſſure, où il eſt fait mention de ce même lieu. Dans la colonne des hauteurs, celles qui ſont marquées d'un aſtérique *, ont été meſurées ou trigonométriquement ou par le moyen du baromètre ; celles qui n'ont point d'aſtérique, ont été déterminées d'après un relief de M. Exchaquet, ſemblable à celui que repréſente cette eſtampe, mais un peu plus petit, et où une ligne du pied de Roi répond à 31 toiſes.

Nros	NOMS DES LIEUX.	Élévat. sur Mer	§§phes des Voyages
		Toises.	
A	Passage de la Forclaz .	765	745
	(*Voyez la note* 1. *à la fin.*)		
1	Montagne des Saix ou de Vaudagne	1089	746
2	Montagne de Tricot .	986	
	(*V. la note* 2.)		
B	Village de Vaudagne	651	
3	Chalet des Bandy.		
4	Montagne de Vauzas	965	
	(*V. la note* 3.)		
C	Mine de plomb de Vaudagne	680	
	(*V. la note* 4.)		
D	Hameau de Chérossy.		
5	Glacier de Bionnassay .	1089	1107
	(*V. la note* 5.)		
E	Chemin des Montées .	438	503
	(*V. la note* 6.)		
F	Hameau des Chavannes	500	
G	Village de Fouilly .	idem.	
6	Hameau de Saugier .	686	
7	Hameau des Ailloux.		
8	Chalet de la Fleuriaz .	794	
9	Chalets de Planez.		

Nros	NOMS DES LIEUX.	Élévat. sur Mer	§§phes des Voyages.
		Toises	
10	Chalets de Grand-Bois.		
11	Pierre ronde, cabane de M. de Saussure et route qu'il tenta en 1786. * (*Voyez la note 7.*)	1422	1107
12	La Rogne, ou la paroi blanche	1859	1107 Note.
H	Hameau de Lessert .	469	
13	Mines de Fouilly, cuivre et plomb . . . (*V. la note 8.*)	531	
14	Hameau de Coupoz .	717	
15	Carrières de Gyps compacte	841	
I	Passage du torrent des Ouches	560	573
16	Glacier de la Gria . .	872	514
K	Hameau de la Gria .	562	
17	Montagne des Faux . (*V. la note 9.*)	840	
L	Hameau de Borgeat .	563	
M	Hameau de Pont.		
18	Aiguille du Gouté. L'on y		

Nros	NOMS DES LIEUX.	Élévat. sur Mer	§§phes des Voyages.
		Toises.	
	voit ses arrêtes escarpées que M. de Saussure gravit avec tant de peine en 1785 à la hauteur de *	1935	1114
19	Cime de cette Aiguille et route par où l'on a tenté, mais sans succès, de parvenir au Mont-Blanc *	1980	
N	Hameau de Taconay .	531	
O	Village de Montcuard	530	
20	Chalets de Carlavéron	903	
21	Hameau de Mont.		
22	Glacier de Taconay .	1000	514
23	Montagne de la Côte .	. .	1103
24	Cime de cette montagne, où M. de Saussure passa la 1re nuit en montant au Mont-Blanc en 1787 *	1319	
25	Passage du Glacier pour monter au Mont-Blanc.		
26	Dôme de l'Aiguille du Gouté . . . . . *	2130	

Nres	NOMS DES LIEUX.	Élévat. sur Mer	§§phes des Voyages.
		Toises	
27	Plaine de neige où M. de Saussure passa la deuxième nuit . . . . *	1995	
28	Cime du Mont-Blanc * (V. la note 10.)	2450	
P	Village des Bossons .	562	515
29	Glacier des Bossons . * (V. la note 11.)	672	651
30	Lac du Bréven. . .	888	
Q	Hameau des Pélerins .	562	
R	Hameau des Faverans.		
S	Hameau des Paicles .	525	
31	Aiguille du Bréven . * (V. la note 12.)	1311	639
32	Chalet des Pélerins .	841	
33	Chalet sur le Rocher.		
(a)	Glacier des Pélerins .	. .	665, 671
34	Aiguille du Midi . . *	2009	671
35	Vallée de glace derrière l'Aiguille du Midi.		
36	Tour du Tacul . . *	1678	
37	Col du Géant. . . * (V. la note 13.)	1763	

Nros	NOMS DES LIEUX.	Élévat. sur Mer	§§phes des Voyages
		Toises	
T	Prieuré ou Paroisse de Chamouni . . . *	540	517, 732
38	Montée de la Tappie .	903	663
39	Le Lac de Nantillon, ou du Plan de l'Aiguille .	1182	ibid.
40	Les Aiguilles de Blaitière	1680	655
U	Hameau de la Frasse .	540	
41	Le Lac Cornu . . . (V. la note 14.)	996	
42	Chalets de Plianpra, où l'on passe en montant au Mont Bréven . . *	1052	641
43	Chalet de la Parse . .	960	649
44	Chalet de Planaz . .	655	
(b)	Chalets de Blaitière . .	983	655
45	Glacier de Greppont .	1182	
46	Glacier de Nantillon .	idem.	
47	Aiguilles de Greppont .	1678	
48	Glacier de la Noire que l'on côtoye ou que l'on traverse en allant au Col du Géant	1368	
49	Route du Col du Géant		

Nros	NOMS DES LIEUX.	Élévat. sur Mer	§§phes des Voyages.
		Toises	
	et passage qui conduit à Courmayeur. (V. la note 15.)		
50	Aiguille du Capucin.		
51	La Montagne noire.		
52	Aiguille du Géant . *	2174	
V	Village des Prés d'en haut	560	543, 710
53	Aiguille des Charmoz .	1647	629
54	Glacier du Géant . .	1368	
55	Glacier du Mont Mallet	1500	
56	Le Mont Mallet. . .	1802	
X	Hameau du Couveret.		
Y	Hameau des Bois . .	540	
57	Source de l'Arveiron . (V. la note 16.)	545	620
58	Chalet du Saix . . .	779	
59	Sentier du Montanvert	. .	607, 714
60	Le Montanvert, avec la cabane dite Hôpital de Blaire . . . . . * (V. la note 17.)	954	607, 627
61	La Mer de Glace et routes, l'une à gauche au		

Nros	NOMS DES LIEUX.	Élévat. sur Mer	§§phes des Voyages.
		Toises	
	Taléfre, l'autre à droite au Lac du Tacul et au Col du Géant . . .	. .	630
	(*V. la note* 18.)		
62	Lac du Tacul . . . *	1141	
63	Glacier des Périades .	1523	
64	Aiguille de la grande Jorasse	1911	637
(c)	Glacier de la grande Jorasse		
Z	Hameau des Tines . .	560	544
AA	Hameau du Lavanchet	655	
65	Glacier des Bois . .	. .	611
66	Le Chapeau	1260	
67	Glacier de la petite Jorasse	1476	
68	Aiguille du Bochard .	1337	613
69	Glacier du Nant-Blanc	1275	
70	Aiguille du Dru . . *	1960	612
71	Aiguille du Moine . .	1755	
72	Aiguille du Couvercle	1762	
73	Aiguilles de Léchaud .	1840	637

Nros	NOMS DES LIEUX.	Élévat. sur Mer	§§phes des Voyages
		Toises	
74	Les Envers de Léchaud	. .	637
75	La petite Jorasse . .	1864	ibid.
BB	Hameeu des Isles . .	640	544
76	Hameau des Chosalets.		
77	Chalets du Lac pendant	1070	
78	Chalets du Lognan . .	1100	
79	Glacier du Lognan . .	1306	
80	Glacier du grand Montet	1400	
81	L'Aiguille verte, connue sous le nom d'Aiguille d'Argentière . . . *	2090	
82	Le Courtil ou Jardin * (*V. la note* 19.)	1360	633
83	Vallée de Glace du Taléfre . . . . . . *	1334	630
84	Les Aiguilles droites .	1802	
CC	Paroisse d'Argentière .	624	547
85	Glacier d'Argentière.		
86	Vallée de Glace d'Argentière	750	547
87	Les Rouges du Taléfre	1820	

Nros	NOMS DES LIEUX.	Élévat. sur Mer	§§phes des Voyages
		Toises	
88	L'Aiguille des Droites	1872	
DD	Hameau des Frasserands	660	
89	Chalets de Planez des Frasserands	760	
90	Pâturage du Pré-Clairet.	1182	
91	Pâturage du Chardonnet		
92	Aiguille du Glacier d'Argentière	1853	
EE	Village du Tour . .	720	680
93	Glacier du Tour . .	840	ibid.
94	La Montagne de Vermine, Carrières de Plâtre	930	
95	Vallée de neige du Glacier du Tour . . .	1450	
96	Aiguille du Glacier du Tour	1724	
FF	Chalets de Charamillan	890	681
GG	Chalets du Col de Balme	934	
HH	Sources de l'Arse . .	930	
I I	Le Col de Balme, limite du Valais . . . . * (V. la note 20.)	1181	678

NOTES.

1.

Le nom de *Forclaz* ou de *Fourche* s'employe très-fréquemment pour désigner des cols ou des passages de montagnes, parce qu'ils présentent souvent des formes analogues à ce nom. Il existe en effet beaucoup de ces Fourches dans les Alpes : celle-ci est le passage le plus court entre Chamouni et la vallée de Mont-Joye, pour aller de là au Bon-homme et dans l'Allée-Blanche.

„ On descend de ce Col du côté de Bionnay par un joli vallon herbé en pente douce, qui ressemble à une allée taillée à dessein dans le bois. Au débouché on a une vue délicieuse du côteau de Passy, bien cultivé dans le bas, boisé à sa moyenne région, couvert plus haut de belles prairies, et couronné de rochers escarpés. On voit l'Arve décrire un demi-cercle autour de ce riche côteau; et les belles collines des environs de Sallenche surmontées par les hautes montagnes du Reposoir, terminent le paysage. " .

2.

On passe sur cette montagne pour aller de la vallée de Bionnassay à celle de Miage ; ses couches sont dirigées à-peu-près du Nord-Est au Sud-Ouest, et elles s'enfoncent au Sud.

3.

Elle sépare la vallée de Chamouni de celle de Bionnassay.

4.

Nous sommes entrés ci-dessus dans quelques détails sur cette mine.

5.

On trouve dans la moraine de ce Glacier une belle roche composée de Quartz blanc grenu, et de Feldspath noir.

6.

La gorge étroite où l'on a tracé le chemin des Montées, offre les plus beaux aſpects dans le genre ſauvage, et ſemble faite pour préparer le voyageur aux grands tableaux qui l'attendent dans la vallée de Chamouni. Le chemin rapide taillé dans le roc, les rochers perpendiculaires qui le dominent à droite; l'Arve coulant ſur la gauche et ſe précipitant avec fracas au milieu des ſapins et des melèzes qui croiſſent dans cet étroit défilé ; la coupe preſque verticale de la montagne du Fer, teinte, çà et là, de couleurs métalliques, et dont l'Arve ronge et dégrade le pied ; tout cet enſemble rend ce paſſage auſſi ſauvage que ſublime. Tout-à-coup la vallée de Chamouni s'élargit et s'ouvre à vos regards. Les Aiguilles neigées ſur la droite ſemblent être les appuis coloſſals du Mont-Blanc; en face l'Aiguille verte, à laquelle l'Aiguille du Dru eſt appliquée ; à gauche, le Bréven. Ces Glaciers deſcendent dans la vallée juſqu'au pied des maiſons de cette vallée riche et peuplée. Que de contraſtes et quels tableaux! pour le peintre et l'amateur ſenſible des montagnes.

7.

On voit ici la route par laquelle M. de Sauſſure tenta de s'élever ſur le ſommet du Mont-Blanc avec M. Bourrit, en paſſant par l'Aiguille du Gouté. Ils partirent le prémier jour de Bionnaſſay, montèrent juſqu'aux rochers où M. de Sauſſure avoit fait conſtruire une cabane, et qui ſont entre *Pierre-ronde* et la baſe de l'Aiguille. Ils y paſſèrent la nuit, et ils eſcaladèrent le lendemain une des arrêtes de l'Aiguille du Gouté ; mais le chemin étoit ſi pénible et ſi difficile, qu'ils ne purent pas parvenir au ſommet de cette arrête, et furent obligés de renoncer à leur entrepriſe, après s'être élevé cependant à une très-grande hauteur. La beauté du coucher du ſoleil que M. de Sauſſure a obſervé depuis ſa cabane, donnera une idée de la majeſté des points de vue dans les Alpes.

„ La vapeur du ſoir qui, comme une gaze légère, tempéroit l'éclat du ſoleil, et cachoit à demi l'immenſe étendue que nous avions ſous nos pieds, formoit une ceinture du plus beau pourpre, qui embraſſoit toute la partie occidentale de l'horizon; tandis qu'au levant les neiges des baſes du Mont-Blanc colorées par cette lumière, préſentoient le plus grand et le plus ſingulier ſpectacle. À meſure que la vapeur deſcendoit en ſe condenſant, cette ceinture devenoit plus étroite et plus colorée; elle parut enfin d'un rouge de ſang, et dans le même inſtant, de petits nuages qui s'élevoient au-deſſus de ce cordon, lançoient une lumière d'une ſi grande vivacité, qu'ils ſembloient des aſtres ou des météores embraſés. Je retournai là, lorſque la nuit fut entièrement cloſe; le ciel étoit alors parfaitement pur et ſans nuages, la vapeur ne ſe voyoit plus que dans le fond des vallées: les étoiles brillantes mais dépouillées de toute eſpèce de ſcintillation, répandoient ſur les ſommités des montagnes une lueur extrêmement foible et pâle, mais qui ſuffiſoit pourtant à faire diſtinguer les maſſes et les diſtances. Le repos et le profond ſilence qui règnoient dans cette vaſte étendue, aggrandie encore par l'imagination, m'inſpiroient une ſorte de terreur; il me ſembloit que j'avois ſurvécu ſeul à l'univers, et que je voyois ſon cadavre étendu ſous mes pieds. Quelques triſtes que ſoyent des idées de ce genre, elles ont une ſorte d'attrait auquel on a de la peine à réſiſter. Je tournois plus fréquemment mes regards vers cette obſcure ſolitude, que du côté du Mont-Blanc, dont les neiges brillantes et comme phoſphoriques, donnoient encore l'idée du mouvement et de la vie. Mais la vivacité de l'air ſur cette pointe iſolée, me força bientôt à regagner ma cabane. ''

8.

On en trouve une Notice ci-deſſus.

9.

Cette montagne ſépare la vallée ou gorge de Taconay de celle de la Gria. Au milieu de l'arrête de cette montagne on trouve une couche métallique dirigée preſque du Nord au Sud, et fourniſſant de la galène mêlée avec une belle blende brune.

10.

„ On ne trouve point de plaine ſur cette cime; c'eſt une arrête alongée, à-peu-près horiſontale dans ſa partie la plus élevée, dirigée du levant au couchant, et deſcendant de part et d'autre dans ces deux directions ſous des angles de 28 à 30 degrés. Du côté du midi la pente eſt fort douce, de 15 à 20 degrés, mais de 45 à 50 du côté du nord. Cette arrête eſt tout-à-fait étroite, et preſque tranchante à ſon ſommet, au point que deux perſonnes ne pourroient pas y marcher de front; mais elle s'arrondit en deſcendant du côté de l'eſt, et elle prend du côté de l'oueſt la forme d'un avant-toit ſaillant au nord. Toute cette ſommité eſt entièrement couverte de neige, on n'en voit ſortir aucun rocher, ſi ce n'eſt à 60 ou 70 toiſes au-deſſous de la cime."

„ La ſurface de cette neige eſt écailleuſe, couverte en quelques endroits d'un vernis de glace; ſa conſiſtance eſt ferme, on y enfonce cependant un bâton, mais avec quelque difficulté. Les pentes de la cime ſont couvertes d'une croûte de neige gelée, qui ſe rompt fréquemment ſous les pieds, et au-deſſous de cette croûte on trouve une neige folle et ſans cohérence."

„ Une légère vapeur ſuſpendue dans les régions inférieures de l'air me déroboit, à la vérité, la vue des objets les plus bas et les plus éloignés, tels que les plaines de la France et de la Lombardie; mais je ne regrettai pas beaucoup cette perte; ce que je venois voir, et ce que je vis avec la plus grande clarté, c'eſt l'enſemble de toutes les hautes cimes dont je déſirois depuis ſi long-temps de connoître l'organiſation.

Je n'en croyois pas mes yeux, il me sembloit que c'étoit un rêve, lorsque je voyois sous mes pieds ces cimes majestueuses, ces redoutables Aiguilles, le Midi, l'Argentière, le Géant, dont les bases mêmes avoient été pour moi d'un accès si difficile et si dangereux. Je saisissois leurs rapports, leur liaison, leur structure, et un seul regard levoit les doutes que des années de travail n'avoient pu éclaircir."

11.

En arrivant dans la vallée de Chamouni, on voit de loin briller le glacier des *Buissons*; il est toujours propre et net, et il présente dans sa chûte, mais sur une échelle plus petite, les mêmes accidens et les mêmes phénomènes que celui des *Bois*. Le chemin qui conduit à ce glacier, depuis le village des Buissons est un sentier très-agréable au travers d'un bois d'Aunes, le long d'un ruisseau. On traverse ensuite des prairies et on gravit enfin une forêt de Melèzes dont la pente est fort inclinée, mais on y jouit très-bien de la vue des grandes pyramides de glace que présentent la vue du glacier; elles paroissent s'élever entre les arbres, et leur blanc mat coupe très-agréablement le verd printanier des Melèzes. Audessus de la montée on trouve le plan du glacier que l'on peut facilement traverser.

12.

Cette montagne offre le meilleur point de vue pour saisir l'ensemble de la chaîne des Alpes et en prendre une bonne idée. „ On y découvre tout-à-la-fois, et presque dans un seul tableau, les six glaciers qui vont se verser dans la vallée de Chamouni, les cimes inaccessibles entre lesquelles ils prennent leur naissance; le Mont-Blanc surtout, que l'on trouve d'autant plus grand, d'autant plus majestueux, qu'on l'observe d'un lieu plus élevé. On voit ces étendues immenses de neiges et de glaces, dont, malgré leur distance, on a peine à soutenir l'éclat; ces beaux glaciers qui s'en détachent comme autant de fleuves ſolides qui vont, entre de grandes forêts de ſapins, deſcendre en replis tortueux, et ſe verſer au fond de la vallée de Chamouni; les yeux fatigués de l'éclat de ces neiges et de ces glaces ſe repoſent délicieuſement ou ſur ces forêts, dont le verd foncé contraſte avec la blancheur des glaces qui les traverſent, ou dans la fertile et riante vallée qu'arroſent les eaux qui découlent de ces glaciers."

13.

Ce Col eſt devenu célèbre par les belles expériences de Mrs. de Sauſſure et le ſéjour qu'ils y ont fait. „ La ſeizième et dernière ſoirée que nous paſſames au Col du Géant fut, dit-il, d'une beauté raviſſante. Il ſembloit que ces hautes ſommités vouloient que nous ne les quittaſſions pas ſans regret. Le vent froid qui avoit rendu la plupart des ſoirées ſi incommodes, ne ſouffla point ce ſoir là. Les cimes qui nous dominoient et les neiges qui les ſéparent, ſe colorèrent des plus belles nuances de roſe et de carmin; tout l'horizon de l'Italie paroiſſoit bordé d'une large ceinture pourpre, et la pleine lune vint s'élever au-deſſus de cette ceinture avec la majeſté d'une reine et teinte du plus beau vermillon. L'air autour de nous avoit cette pureté et cette limpidité parfaite, qu'Homere attribue à celui de l'Olympe; tandis que les vallées, remplies des vapeurs qui s'y étoient condenſées, ſembleient un ſéjour d'obſcurité et de ténèbres.

„ Mais comment peindrai-je la nuit qui ſuccéda à cette belle ſoirée; lorſqu'après le crépuſcule, la lune brillant ſeule dans le ciel, verſoit les flots de ſa lumière argentée ſur la vaſte enceinte des neiges et des rochers qui entouroient notre cabane. Combien ces neiges et ces glaces, dont l'éclat eſt inſoutenable à la lumière du ſoleil, formoient un étonnant et délicieux ſpectacle à la douce clarté du flambeau de la nuit! Quel magnifique contraſte, ces rocs de granit rembrunis et découpés avec tant de netteté et de hardieſſe, formoient au milieu de ces neiges brillantes! Quel moment pour la méditation ! De combien de peines et de privations de femblables momens ne dédommagent-ils pas ! L'ame s'elève, les vues de l'efprit femblent s'agrandir, et au milieu de ce majeftueux filence, on croit entendre la voix de la nature, et devenir le confident de fes opérations les plus fecrettes. "

14.

Il fe trouve dans une des plus fingulières fituations des Alpes de la Savoye, derrière les Aiguilles Rouges et particulièrement auprès de celles de Chezeri. Son nom lui vient de la grande quantité de promontoires que forment fes bords. Son baffin eft d'un fuperbe granit veiné, dans lequel on voit fouvent des rognons de fchorl verd et de fchorl noir. Il faudroit près d'une heure pour en faire le tour. Aucune végétation ne paroît en ces lieux : les rochers font nuds, et les eaux tranquilles du lac femblent ne pouvoir réfléchir que l'image des pics noirs et dégradés qui l'entourent ; mais plus bas font des chalets habités dans la belle faifon, et rien n'eft plus pittorefque et en même-tems plus fingulier que l'apparition inattendue des nombreux troupeaux de vaches qui viennent fe désaltérer dans l'eau glaciale de ce lac : le bruit de leurs fonnettes, leurs beuglemens, leurs fauts animent un inftant ces folitudes défertes où la nature eft morte et où l'on voit fi peu de traces d'hommes, qu'il femble lorfqu'on y arrive qu'on en ait fait la découverte.

En parcourant à l'Eft du lac Cornu, le labyrinthe d'aiguilles et de pics que l'on y trouve, on verra encore un grand nombre de lacs qui occupent les enfoncemens des rochers, et qui font plus fauvages encore, mais moins pittoresques que le lac Cornu. Si l'on pouvoit les embraffer d'un coup-d'œil, on verroit qu'ils forment un amphithéatre trèsétendu et qui s'élèvent graduellement. Quelques-uns ne font qu'à moitié dégelés, d'autres font encore couverts d'une croûte épaiffe de glace, et ne dégèlent jamais ; d'autres font en partie cachés fous la neige ; plufieurs forment, en fe vidant, de jolies cascades, et sans doute il en est encore un grand nombre qui sont pour toujours ensevelis sous les neiges accumulées entre les creux et les vallons qui séparent ces aiguilles. Cet endroit très-intéressant par l'aspect qu'il présente, l'est encore infiniment pour le Minéralogiste par la variété des fossiles qu'on y trouve

A un quart de lieue du lac Cornu, on en voit un autre au midi, duquel s'élève un pic composé entièrement de Hornblende noire ou verte, coupée par des gangues de Feldspath mêlée de Quartz, et dans lesquelles on trouve du superbe Schorl colonnaire. Dans quelques fentes on découvre des petites aiguilles de Tourmalines. Enfin les roches à Grenat en masse sont ici très-communes.

15.

Cette route conduit en quinze heures de tems de Chamouni à Cormayeur, mais il faut être bien habitué aux montagnes et aux glaciers pour l'entreprendre et la faire en un jour.

16.

L'Arveiron sort de l'extrémité inférieure du glacier des Bois par une arche de glace qu'on appelle l'*Embouchure de l'Arveiron*, et qui est un des principaux objets de curiosités pour les étrangers qui vont à Chamouni.

„ Que l'on se figure une profonde caverne, dont l'entrée est une voûte de glace de plus de cent pieds d'élévation, sur une largeur proportionnée; cette caverne est taillée par la main de la nature, au milieu d'un énorme rocher de glace, qui, par le jeu de la lumière, paroit ici blanche et opaque comme de la neige; là transparente et verte comme l'aigue marine. Du fond de cette caverne sort avec impétuosité une rivière blanche d'écume, et qui souvent roule dans ses flots de gros rochers de glace. En élevant les yeux au-dessus de cette voûte, on voit un immense glacier, couronné par des pyramides de glace, du milieu desquelles semble sortir l'obélisque du Dru, dont la cime va se perdre dans les nues: enfin, tout ce tableau est encadré par les belles forêts du Montanvert et de l'aiguille du Bochard; et ces forêts accompagnent le glacier jusques à sa cime, qui se confond avec le ciel. ''

La caverne de l'Arveiron varie journellement de grandeur par la chûte des glaces qui la forment. En hiver il n'y en a pas du tout; ce torrent est alors trop petit pour pouvoir en former une.

17.

C'est ici où l'on conduit ordinairement les étrangers pour voir la Mer de glace, et prendre une idée des vues sauvages que présentent ces montagnes. C'est vraiment un spectacle à la fois agréable et intéressant que de voir en été ces déserts peuplés et embellis par la foule d'étrangers de toutes les nations qu'on y rencontre; de voir des femmes délicates gravir et descendre avec agilité ces sentiers escarpés; marcher d'un pas ferme sur les glaces, et mesurer de l'œil et sans effroi leurs profondes crevasses; d'observer les sensations diverses que tous éprouvent à la vue de ces sublimes tableaux; les uns animés par la pureté et la légéreté de l'air qu'on respire, expriment leur surprise et leur admiration par un torrent de paroles, par une foule de questions dont ils accablent leurs guides; ils ressentent une joie involontaire, ils voudroient tout voir et tout connoître; d'autres les parcourent lentement, ils gardent un profond silence, ils semblent être entrés dans le sanctuaire de la nature et réfléchir sur la foiblesse et l'insuffisance de l'homme; saisis d'un respect religieux, leur ame s'élève vers le Créateur de toute chose, et ils admirent sa toute-puissance! Observateurs philosophes, qui voulez connoître le cœur humain, venez au Montanvert, il se montre toujours, au premier moment, tel qu'il est en effet; car qui peut dissimuler avec la nature! Mais commencez par vous accoutumer vous-mêmes à ces grandes images; sans cela, tout entier à les observer, l'homme ne sera rien pour vous.

18.

Elle présente de loin l'image d'une mer qui auroit été gelée après un orage. En la parcourant, on y trouve une quantité de filets d'eau et même des petits ruisseaux qui coulent sur cette glace, dans laquelle ils ont creusé leur lit. Plusieurs viennent se précipiter dans de profondes crevasses qu'on appelle *moulins* dans le pays. Les deux plus profonds de ces moulins ont été mesurés ; l'un se trouve près du glacier de *Tré-la-porte* ; il a 233 pieds de profondeur, l'autre est au pied du *Taléfre* et a 257 pieds. Ces dimensions peuvent faire juger de l'épaisseur du glacier des Bois.

19.

Le Courtil ou Jardin est situé dans le côté Nord du glacier du Taléfre ; il forme la partie la plus basse des hautes pointes de montagnes appellées les Rouges. Sa figure est celle d'un triangle dont la base est sur le plan du glacier, et le sommet au pied des Rouges. Cette base peut avoir une demi-lieue de longueur et la hauteur trois quarts de lieue. Le Jardin est entouré de tout côté par la moraine du glacier supérieur. Il y croit plusieurs plantes très-rares, et même quelques nouvelles espèces découvertes par M. Reynier, comme l'*Éperviere des glaciers*, la *Potentille blanchâtre*, la *Leche du Jardin*.

20.

„ Du haut du col de Balme, toutes les Aiguilles que j'ai décrites dans le chapitre précédent, dit M. de Saussure, semblent faire corps avec le Mont-Blanc ; et en revanche d'autres sommités qui, depuis le Bréven, semblent se confondre avec le Mont-Blanc, comme l'Aiguille du Goûté et le dôme de neige qui la domine, paroissent d'ici s'en détacher ; son éloignement n'empêche pas qu'il ne paroisse toujours prodigieusement élevé ; il écrase tout ce qu'on lui compare. La chaîne du Bréven et des Aiguilles Rouges, que l'on voit aussi de profil, ne semblent auprès de lui que des taupinières, et la vallée de Chamouni, qui se présente suivant sa longueur, paroît singulièrement profonde et resserrée entre ces grandes montagnes. La haute Aiguille d'Argentière, assise entre le glacier de ce nom et celui des Bois, et de laquelle l'Aiguille du Dru se détache vers le haut comme la serre entr'ouverte d'une écrevisse, forme après le Mont-Blanc le plus bel effet. On découvre aussi une partie de la vallée de Vallorsine, le Col de Bérard, par lequel on monte au Buet; on reconnoît toute la route que l'on fait pour monter à cette haute cime; d'ici elle ne paroît point très-élevée, mais on en voit très-bien les détails, jusques à ces neiges saillantes en avant-toits du côté de l'Est; on distingue même à l'aide d'une lunette, les couches de neige condensée qui recouvrent sa sommité. On a sous ses pieds, au Nord, un grand étang, qui se nomme *le lac de Catogne*; au Nord-Est, est une sommité attenante à la montagne même de Balme, plus élevée que la pointe où nous sommes, et composée de feuillets pyramidaux presque verticaux, de nature calcaire. Dans le lointain, du même côté, les sommités neigées des Alpes qui séparent le Valais du canton de Berne, la Gemmi, le Grimsel, la Fourche, etc. "

www.ingramcontent.com/pod-product-compliance
Ingram Content Group UK Ltd.
Pitfield, Milton Keynes, MK11 3LW, UK
UKHW020944180726
13838UKWH00003B/1119

9 782329 462998